Leaves
Publishing

根

以讀者為其根本

莖

用生活來做支撐

葉

引發思考或功用

果

獲取效益或趣味

彩妝慾

李樹德的巧手巧妝

李樹德／著

愛麗絲 I R I S

彩妝慾——李樹德的巧手巧妝

作　　　者：李樹德
出 版 者：葉子出版股份有限公司
發 行 人：宋宏智
總 編 輯：賴筱彌
編輯部經理：劉筱燕
企劃編輯：王佩君
美術編輯：引線視覺設計有限公司
地　　　址：台北市新生南路三段88號7樓之3
電　　　話：(02)23635748　　傳　真：(02)23660310
E- m a i l：leaves@ycrc.com.tw
網　　　址：http://www.ycrc.com.tw
郵撥帳號：19735365　　　戶　名：葉忠賢
印　　　刷：鼎易印刷事業股份有限公司
法律顧問：北辰著作權事務所
初版一刷：2003年 9月　　定　價：新台幣 299 元
I S B N：986-7609-00-x

總 經 銷：揚智文化事業股份有限公司
地　　　址：台北市新生南路三段88號5樓之6
電　　　話：(02)23660309
傳　　　真：(02)23660310

彩妝慾—李樹德的巧手巧妝／李樹德著.
初版.--台北市：葉子, 2003〔民92〕
　　面：　公分.--（愛麗絲）
　　ISBN 986-7609-00-X（平裝）
　　1.化妝術

424.2　　　　　　　　　　92010579

李樹德老師因在彩妝界打滾多年，擁有極多的支持者，以下就是這些藝人朋友們給樹德老師的祝福及推崇。（以姓名比劃順序排列）

　　某天在一個陽光普照的良辰吉時，我接到了一通晴天霹靂的電話——幫李樹德的新書寫序。以我跟樹德的交情、以及在我出席2次金鐘獎都是樹德那一雙巧手的友情贊助，我才得以有這樣亮麗的裝扮出席這樣一個盛大的場合，無論如何我都該自信滿滿的答應他，但我卻猶豫了許久。自從畢業之後開始拍戲，我就很少有這樣的機會提筆寫像這樣比較正式的文章了！但為了報答樹德多次的改造之恩，終於在截稿的最後一天，我開始培養情緒，希望可以順利寫完這樣一個挑戰性比參加金鐘劇演出更具挑戰性的文章。

　　在我開始拍戲之後的好幾年，我才開始正式的學習如何化妝。因為拍戲時不需自己上妝，而我也就這樣打混了好多年。但有時需要出席某些特定場合，為了讓自己可以在鏡頭上可以更突出一點，我才開始學習如何化妝。彩妝是一門非常深厚的學問，如，化妝的步驟、依照自己的膚色來挑選粉底、眉毛、眼影、眼線的表現、臉上凹凸部位的詮釋、唇型的勾繪、唇型、腮紅、蜜粉顏色的挑選……等等，都是需要極度的密合才能完成的。倘若上述步驟有任一個搭配不契合，既會影響到整體的美感，不但沒有達到加分的效果，反而更將缺點展露無遺呢！雖說化妝不難，但如何畫出一個美麗的彩妝，表現自己臉部優點隱藏缺點，可是需要一雙細膩的手才能辦的到的。在坊間很少可以看到彩妝的工具書，知道樹德要出一本彩妝書之後，除了替他高興之餘，也替那些想要學習化妝卻苦無門路的新鮮人們感到開心。

　　接觸這麼多的化妝師，樹德幫我化的妝，讓我感到非常的自然。這樣的自然是因為它不讓我覺得

像帶個面具一般，且又可以提高自己的自信心。這也就是爲什麼2次金鐘獎盛會，造型師的角色我第一個能聯想到的人就是樹德。不是我特別偏愛樹德的巧手，而是他幫我做的造型可以充分突顯我的優點掩蓋我的缺點。經過樹德的一番改造之後，可是可以讓我抬頭挺胸、表現極度自信的呢！

　　化一個適合自己的彩妝的確可以改變心情，常常有些人化了一個極度濃厚的彩妝或不適合出席場合的彩妝，讓人感受到的第一個感覺是很突兀的。好的彩妝不見得就是將所有能夠使用的化妝品，一層又一層塗抹在細嫩且需要滋潤的臉上，就能表現出彩妝的魅力，而是依個人臉部特質、出席場合來做改變。樹德總是可以滿足我彩妝表現上的需求！若要用文字敍述來表達樹德一雙巧手所詮釋出來的彩妝，應該就是：薄如絲綢的粉底、具個人特性的眉型、十分具有放大效果的眼線、性感的唇型、凹

凸有緻的五官……等等！總而言之，樹德詮釋出來的彩妝給人的第一印象總是眼睛一亮、嘖嘖稱奇的。

　　恭喜樹德終於可以完成心願，除了有彩妝大師頭銜又多一份職業之外，同時也可以爲那些苦無門路尋求彩妝諮詢的初學者，提供一個可以諮詢的工具書。

　　第一次與樹德哥合作不知是多久以前的事，那時的我只知道把妝畫在臉上，畫的好看就是懂化妝，不太了解「化妝」的眞正意義。看著樹德哥自信的拿著彩妝筆往我臉上來回幾筆，眼神中充滿著信心的目光閃出，頓時我深深的感覺到「臉」在他眼中就是一張畫紙，任由他自在的揮灑，將平凡化爲神奇。進入演藝界多年的我，第一次有如此神奇的經驗，在他巧妙的畫筆之下，讓我發覺女人的美是屬於多面的，也讓我展現了另一個自己。

　　在多次的通告上，有賴他一次次的爲我變換不同的造型，變化不同的美，以符合不同的場合，有他的幫助我才能全心全意的把心思放在其他準備上，我是一個很容易緊張的人，沒有十全的把握就出場，我會全身非常的不自在，但看到樹德哥就像是吃了一顆定心丸，再大的場合，再多的觀眾，我也不會再緊張了。

　　除了樹德哥的細心，在專業領域方面，他也不怕繁瑣的教授我在化妝上較重要的技巧，剛開始我不以爲意，仍然慣性的照著舊有的方式上妝，但怎麼都沒有他化的來的亮麗傳神，只好一遍又一遍的重新來過，最後終於讓我順著他的方式成功的抓到自己要的感覺，要在一個專業領域成爲個中翹楚，除了要有豐富的專業知識以及工作經驗，我覺得最重要的是要有耐心與細心。在多年後，樹德哥終於願把辛苦所學的專業以著書方式，傳授給愛美的大眾，又是這份特別的用心，我將期待著！

　　用心的人最美，一如他所呈現的。

「工欲善其事，必先利其器」，李老師這本彩妝新書，對致力於彩妝學習的讀者來說，是相當值得一讀的專業書籍，為什麼我要這麼說呢？

　　樹德老弟在彩妝這個工作領域已經有十數年的豐富經驗，經由他精雕細琢的中外知名演藝人員超過數百位，每位藝人對李老師的「巧手」，都豎起大拇指說：「讚」！我雖然與他認識的時間不長，但這位在演藝圈中響叮噹的大師級造型師，我早已耳聞，樹德給我待人親切、熱愛工作、誠懇負責的感覺。他把專業知識與十數年的工作經驗合而為一、分門別類、有系統的替讀者整合了各種相關資料，幫助讀者選擇適合自己的彩妝方式，而完成了這本《彩妝愁——李樹德的巧手巧妝》，在他自己的人生旅途中，再立下一個里程碑。我從事廣播電視工作已經26年，以一個電視工作從業人員的身份，我希望這本書的出版，能激勵更多有志於彩妝造型設計的朋友手藝更上層樓，同時造就出更多傑出彩妝造型師，來為大家服務。

鳳凰藝能股份有限公司總經理 周玉岩

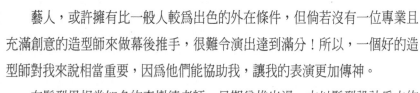

　　藝人，或許擁有比一般人較為出色的外在條件，但倘若沒有一位專業且充滿創意的造型師來做幕後推手，很難令演出達到滿分！所以，一個好的造型師對我來說相當重要，因為他們能協助我，讓我的表演更加傳神。

　　在髮型界相當知名的李樹德老師，早期曾推出過一本以髮型設計為主的作品，讓許多專業人士及時常需要作造型的我們都獲益良多，很高興能再次看到他的作品，想必令許多朋友期待。

　　除了一雙與生俱來的巧手，李老師也多次赴國外進修，不間斷的吸收最新的造型資訊，持續帶給我們在流行上的指導。李老師將他多年來的造型經驗與心得，用簡潔易懂的文字集結成冊，讓時下渴望接受流行資訊的您，能夠輕鬆擁有Fashion概念及新知！希望透過這本書，讓更多人了解造型對個人形象上的幫助，也能讓更多人見識到李老師精湛的才華。

黃少祺

認識李樹德是在一九九一年華視的「綜藝萬花筒」，他一路走來有很多的始終如一，不論是與人的應對，做事的態度，他都像剛從倫敦學化妝回來一樣的謙遜與積極，甚至到現在有CASE找他，只要談到費用時，他就像一個剛入社會的新鮮人一樣說：「復亨哥，你覺得要給多少？」在這種狀態下眞的也不好意思不能給太少。

　　另外一個始終如一：堅守崗位、不斷精進、與流行同步。他不但爲人創造美麗與自信，自己也是數十年如一日，既便是四十如虎的李樹德，也永遠把年輕、流行穿在身上，但從不譁眾取寵、標新立異，這就是他的風格，他的特色。

　　認識他以來從沒主動請我吃過一頓飯，也沒聽他說過一句巴結奉承的話（至少沒對我做過），但有造型專業的工作需要，我還是會第一個找他協助。

　　這本工具書是李樹德繼《髮型設計》後的另一本專業彩妝書，書中沒有華麗的辭藻，也沒有花俏閃亮的群星，只有李樹德專業的誠懇與熱情，《彩妝慾——李樹德的巧手巧妝》是一本流行趨勢書，也是對彩妝造型有興趣的朋友們的工具書，專業領域朋友們的工具書，更是在學學生的參考書，所謂「一書在手妙用無窮」，是李樹德老師出書的終極理想。

　　一個創造美麗的實踐者——李樹德。

TVBS 節目部經理

For you

從會計領域，最後轉換跑道成為造型師，這一直是大家好奇並感興趣的。每個人處於興趣與工作的路口時，總是會徬徨，不知該如何選擇，十分幸運的是我能夠結合興趣與工作，在這行業十餘年中，仍保持著赤子之心，努力不懈。

在這裡首先我必須感謝我的大學教授，給予我正確的啟蒙，使我了解自己的興趣，並教導我萬事起頭難，凡事都要有深厚的根基，同時由於父母親的支持，才會使我萌生海外進修把基礎紮穩的念頭。

國外求學的過程是很辛苦的，語言、生活環境都必須一一克服，雖然辛苦卻也甘之如飴，很感謝我的化妝啟蒙老師Linda Meredith很用心的教授，讓我學成後，開始接觸雜誌平面化妝就有很好的成績。《國際美容造型雜誌》的謬如新、許秀娥、呂秀芬、薛松強等人曾經給予我許多的機會，也幫助我在這行業中站穩腳步。

化妝可以視為藝術，也可視為平常，其間的落差很大，端看每個人切入的角度。唯有不斷的練習，憑著多一點的經驗，找到自己的特色、優點，再加上對流行的敏銳度，一定可以畫得一個好妝。

我經常提及「畫好自己是很容易，但妝點別人卻不一定容易」；相同的，成為一個化妝師很容易，但想成為一個造型師就非易事，因為其中牽涉對藝術的鑑賞、對流行的掌握以及與他者的溝通都必須環環相扣。在此之前我的著作《髮型設計》，其內容是針對髮型助理及新的設計師，加強他們的基礎概念，進而提升其基礎教育；現在我想針對女性朋友們或是想要從事彩妝工作者，分享我的工作經驗，關於媒體、藝人、化妝品公司的委任造型工作。

很感謝藝人朋友們百忙之中撥空寫序，或是擔綱模特兒，真是非常感激，同時也要謝謝《大

成報》記者陳瓊貞及《星報》記者盛榮萱對我的
大力報導，還有一路走來支持我的TVBS節
目經理劉復亭、民視藝能動音總經
理周在台、經理人張李湧、林文
華、陳雅蓉等對我的幫助，
以及永遠支持我的家人。

　　最後想給想從事造型的後輩
們一些建議，唯有努力＋實踐＋
機緣＝成功，同時也期許自己的
造型書能很快完成。

Index

目 録

PART 1

化妝前的準備

PART 1

MAKE UP

化妝前的準備

敏感型或是較乾的皮膚，在卸妝乳使用後只用溫水清洗即可。

▶ 卸妝產品大致可分為三大類

◎第一類為油脂性較高的卸妝油，適合油性粉底、
　粉條或水性彩妝者。
◎第二類為親水性的卸妝水，適合油性膚質使用或
　水性化妝品者。
◎第三類為介於卸妝油和水之間的卸妝乳液，適合
　各種膚質使用。

一、卸妝：

許多人都感覺很奇怪，為什麼我把「卸妝」擺在第一，其實我畫過許多女性朋友，我認為先有一張乾淨、舒適的臉，再談上妝會更好。「卸妝」的定義很廣，不單只是把妝擦掉，而是如何先將臉洗乾淨，沒有多餘的污染、油垢，讓自己的臉能呼吸、透氣，如此一來，就不怕上不了一個好妝。

廣義的卸妝是運用卸妝乳、卸妝霜、卸妝油、卸妝液、卸妝棉等，先將眼影、口紅、睫毛膏等色彩重的部分先卸掉，再用螺旋狀按摩的方式，由下往上清潔，把臉上的殘妝、粉底等清除乾淨，可以多卸幾次，讓面紙擦上去無任何痕跡，再用洗面乳把皮膚毛孔中的卸妝劑徹底洗淨（尤其鼻頭、鼻翼還有痘疤等毛孔較大的部分）。洗的時候先將洗面乳擠在手心，加點溫水、搓出泡沫，再用按摩方式輕輕洗，使用22℃~25℃之溫水沖洗，乾淨了之後再用冷水輕輕拍打使毛孔收縮。

化妝前的準備

▶ 保養小常識

◎眼尾細紋主要的原因是乾燥，所以要及早保養喔。

◎暗沉主要的原因是血液循環變慢，角質層重生的速度也趨緩，黑色素沉澱，所引起的肌膚疲憊枯黃，可利用去角質清潔乳按摩改善。

◎毛孔粗大可採用收斂性的化妝水或面膜改善。

◎黑眼圈形成的原因主要是因為壓力過大、睡眠不足、疲勞、營養不良等因素，使血液和淋巴的循環作用變得遲滯些，你可以找時間輕壓眼睛下方骨頭，或常以熱毛巾敷眼睛，促進血液循環及徹底紓解心底的壓力。

◎老化臉部鬆弛的原因，就是膠原蛋白減少、脂肪增加、肌肉衰退等，因此滋養肌膚是很重要的。

◎黑斑產生最大的原因就是紫外線，因此徹底隔離防護才能保持皮膚白皙與光滑。

◎乾燥的皮膚在於缺水，適度的補充水份和乳液是必要的。

◎頸部的細紋很容易看出年紀，請記得順便保養喔。

二、保養：

　　一般人談到保養最簡單的就是白天的防曬與夜晚的修護滋養，其實有了這種概念就很容易談保養，保養的重要也許在年輕的時候不會發覺，可是慢慢有了年紀之後新陳代謝較慢，你就會發現不該出現的東西，都在臉上反映出來。例如，黑眼圈、黑斑、細紋等，如果在年輕的時候就注意保養，當然也就可以延遲老化。

　　我們可以看到人的成長過程：爬→走→跑→坐→躺，就可以知道人的新陳代謝是由快到慢，而且保養包含了體內與體外；運動可以讓循環較快，排泄正常，自然臉部的皮膚就會呈現健康的狀態，這就是體內環保；體外的保養就是對抗外界不好的污染、日曬、氧化等，可讓皮膚的傷害減至最低點。

　　每個人每天都要喝水、吃飯，把保養當成例行公事就對了。讓臉上隨時保持適當的水份與油質；晚上休息時，可以補充一些滋養霜，就像維他命般，使自己的皮膚更健康。而年輕時皮膚的彈性較好，所以只要補充水份及一些乳液即可；中年時皮膚彈性漸漸地疲乏，一些細紋也慢慢呈現，因此可以補充些膠原蛋白精華液，當然水份還是很重要的，而且擦的時候記得由下往上、慢慢按摩，才不致於使皮膚往下垂喔。

PART 2

簡單記憶化妝步驟

PART 2 簡單記憶化妝步驟

MAKE UP

❶ 化妝水──輕拍

❷ 乳液──按摩

❸ 隔離霜──輕擦

❹ 控制粉底(改變膚色)──輕擦

❺ 粉底──輕彈

❻ 蓋斑膏──輕修

❼ 修飾粉底──輕擦

❽ 兩用粉餅──輕擦

❾ 蜜粉──輕按

❿ 畫眉──輕刷

⓫ 眼線筆──輕描

⓬ 眼影──暈染

⓭ 刷睫毛──左右移動刷

⓮ 腮紅──輕刷

⓯ 口紅──輕描

▶ 上班妝：1→2→3→8→10→12→14→15

▶ 面試妝：1→2→3→5→9→10→11→12→13→14→15

▶ 晚宴妝：1→2→3→5→6→8→9→10→11→12→13→14→15

▶ 伴娘妝：1→2→3→5→9→10→11→12→13→14→15

▶ 新娘妝：1→2→3→4→5→6→7→8→9→10→11→12→13→14→15

▶ 攝影妝：1→2→3→4→5→6→7→9→10→11→12→13→14→15

▶ CF妝：1→2→3→4→5→6→7→8→9→10→11→12→13→14→15

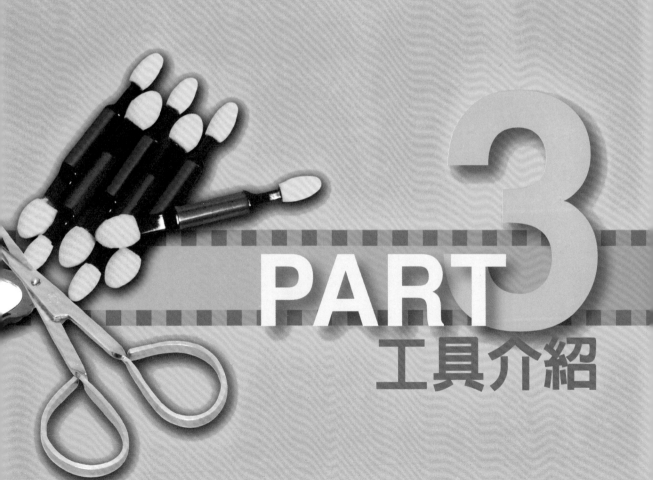

PART 3

工具介紹

PART 3 ___ 工具介紹

MAKE UP

介紹那麼多的工具，只是爲了給想當專業彩妝師作準備用的。一般消費大眾只需瞭解工具用品，購買自己常用的即可，而且以方便攜帶使用爲最高原則。

★蜜粉刷 **1**

一般而言蜜粉刷的刷子較腮紅刷大，而且密度較厚，頭呈圓型。因爲它將刷遍全臉，所以圓型刷適用於一般化妝。如需較濃的妝時，筆者建議用粉撲先按過，這樣粉底比較實，再用蜜粉刷刷去多餘的粉，也是不錯的方法。

★腮紅刷 **2**

大都是動物毛材質，毛質柔軟而有彈性，刷頭呈圓斜狀，這樣很容易順著臉頰顴骨的高度，作出想要表現的化妝技巧及流行彩妝。

★修容刷 **3**

爲了修飾臉的形狀或角度，所設計出來的斜角刷或扁扇型刷。斜角型刷大都使用深色修容部分，扁扇型刷大都使用在下眼圈或T字部位，淺色打亮部位，使之產生立體效果。

★鼻影刷 **4**

呈圓桶狀，短毛斜面，毛質緊密，感覺稍硬，如此方能在眼窩至鼻中狹窄的部位上清楚精準地刷抹，表現出鼻子的立體層次感。

★粉底刷 5

是一種專為打粉底而設計的筆刷，適用於人體彩繪舞台效果或特殊彩妝。筆刷多為貂毛製成，所以輕柔細緻，可以將粉底刷的很完美。

★眼影刷 6

眼皮是最薄弱的皮膚，所以在選擇筆刷時要非常謹慎，貂毛是最好的選擇，其他的材質一定要測試其柔軟度及彈性，先決條件是不能掉毛或刷眼皮時有刺痛之感。眼影刷較大者，使用在大範圍，如整個眼窩。較小者，適合畫小範圍，例如，眼影暈開。眼影刷也分二種：圓頭厚實者，較易達到均勻暈色效果；方頭扁平者，較易勾出線條，控制色彩濃淡。

★眼影棒 7

眼影棒的頭大都由海棉所製，購買時選擇海棉密度較實的，容易附著眼影顏色。眼影刷和眼影棒最大的不同點在於：眼影刷畫眼影較為自然；眼影棒畫眼影較為濃豔。眼影棒分圓頭及尖頭兩種，一種用於大範圍，適合淺色；一種用於小範圍，適合深色。所以可同時選擇兩種眼影棒，較為方便。

★眉刷 8

眉刷的毛質不能太柔軟，扁平毛頭形狀最好。也可選擇斜角頭形狀的，以刷出妳所想要的眉型角度。記住用眉筆畫完眉型後，一定要用眉刷刷過才自然，但女生最好不要用一種左邊睫毛梳、右邊眉刷的二合一筆刷來刷眉，因為它的毛刷太寬，容易將眉型畫的太粗，畫男生眉型就很OK！

★眉筆 9

購買眉筆時，可以試著在手背上畫畫看，太硬太乾的眉筆，不容易畫好眉型，可能還會畫痛皮膚。而太軟太油的眉筆，雖然容易畫出眉型，但也可能很快的暈開或脫色。當然如果不慎選擇了上述的兩者的話，太硬太乾的，可以在畫眉前先用打火機將其軟化些再使用，太軟太油者，可以放進冰箱一下，使其硬度變硬些再使用。

★蓋斑筆刷 10

蓋斑膏大多是條狀、霜狀或筆狀的，如果臉上有些小瑕疵，可以選擇纖細毛長的筆刷作為遮蓋之用，當然如果你有毛質及彈性都不錯的水彩筆的話，也可考慮使用。

★螺旋狀睫毛刷 11

刷完睫毛膏後，可能睫毛膏所遺留一些膏狀物不均勻時，就可使用螺旋狀睫毛刷將它刷掉或是刷勻睫毛，定住睫毛型。它的刷頭可以折成妳所需要的角度，方便使用。

★眼線筆刷 12

用於眼線液、眼線膏、眼線餅的專用筆刷。它有做成柔細扁平的刷頭，容易貼近睫毛根部，也有做成纖細筆梢者，可以拉長眼線線條。

★唇刷 13

許多品牌皆以筆面平坦，尼龍或混合毛為材質，因為口紅中油脂成分較高，而且使用唇刷的使用率也很高，因此需要耐用及易清洗的毛刷。尖頭或有角度的刷頭較易於畫好唇線，同時也可控制唇膏的厚薄程度，不致於將唇彩集中於唇紋中，而無法暈開。

★睫毛梳 14

可以將上完睫毛膏的睫毛，一根根地從睫毛根部至尾端均勻地梳開。如果眉毛太長的話，可以利用睫毛梳和小剪刀來修剪眉毛的長度。

★餘粉刷 15

又名扇型刷，扁平、扇型可將臉上多餘的粉刷掉。畫眼影時，眼影粉會掉下來影響到妝的乾淨性，因此可在眼袋的地方多壓一些蜜粉，避免掉髒髒的，尤其畫深色眼影，完妝後要再用餘粉刷將其刷掉。

★兩用粉底專用海綿 16

一般攜帶型的水粉餅會附送一塊方型或圓型的海綿，適合一般消費者上妝或補妝方便之用。專業化妝師也可選用寬大型的海綿，使用前先用鹽水將其泡軟，再沾水使用更為方便順手。

★液狀、霜狀、條狀、餅狀粉底專用海綿 17

有圓形、方形、三角形等形狀。海綿的密實鬆緊應恰到好處、有彈性，如此用來推勻粉底才能與肌膚緊密結合。海綿每次用完都應清洗乾淨，以免殘餘化妝品產生細菌，如有脫絮的情形，就可以考慮換新的了。

★粉撲 18

100%的內部棉質粉撲與絨毛長且柔軟的外部軟呢線材質，易於使蜜粉與皮膚密切結合。蜜粉容易附著於粉撲上，所以

定期的清洗才能將粉撲「定妝」的功能發揮至最大。選擇粉撲時，不妨選擇背部多附有一條細帶者，便於固定手指。

★睫毛夾 *19*

選擇睫毛夾時，應選擇適合自己眼睛寬度與弧度的睫毛夾。且要注意睫毛夾中的橡皮墊，在空夾的時候是否密合沒有空隙，唯有結實有彈性的睫毛夾，才能夾出漂亮的弧度。另外還有一種局部用睫毛夾，可以加強睫毛中間部位的彎度，或是讓眼尾的睫毛更翹；現在有一種裝電池的睫毛夾，可以讓睫毛捲度更持久，也是個不錯的選擇。不過每次用完睫毛夾，記住一定要用面紙擦拭橡皮墊，以保持橡皮墊的壽命，若已凹陷髒污，應立即更換新的。

★眉毛剪 *20*

可用來修剪眉毛的長度，同時也可用來修剪假睫毛，尤其是要一根一根種的時候。當然也可用來修剪雙眼皮的膠帶，剪刀形式一般即可。

★棉花棒 *21*

化妝時不可或缺的重要幫手就是棉花棒，因為它可以暈開眼彩的濃度，修正唇形線條，推淡太濃的眼線，擦拭沾到眼皮的睫毛膏等。現在也有一些做成和眼影棒形式相同的棉花棒，供一般消費者使用。

★拔毛器 *22*

可用來拔眉毛或臉上多餘毛髮的工具，夾毛處的傾斜設計，有確實夾緊毛髮的功用，所以購買時應先測試看看，否則有時是不容易夾起毛髮來的。有時想黏假睫毛、種睫毛時，小小的鑷子是非常有用的。

★小鏡子 *23*

可以隨時檢查臉上的妝是否完美，或是如拔眉毛、畫眼線等一些細小動作需仔細看清楚時，小鏡子是最好用的。

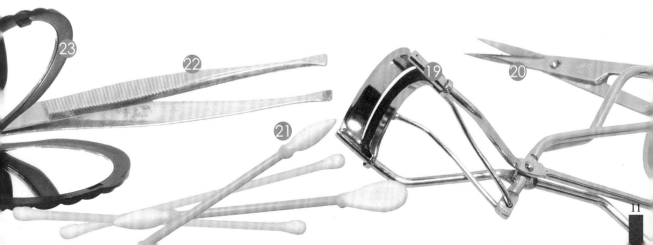

★削筆器 24

可以選擇一種有兩頭，一粗一細的削筆器，非常方便好用。在削眉筆時，一定要注意筆心的軟硬，否則有時候很容易斷掉。

★吸油紙 25

對補妝而言，吸油面紙是非常重要的，因為要先吸掉臉上、鼻頭多餘的油質，然後再補上蜜粉。也可使用本身就是粉質的吸油紙，吸油按粉一次完成，頗方便。

★化妝綿 26

在化妝前必須先了解自己的皮膚狀況，然後使用不同的化妝水，沾在化妝綿上，輕拍自己的皮膚，使皮膚更有水份。化妝綿要選擇不易脫棉絮，而且一片一片的，用完即可丟棄。

★面紙 27

化妝必須的消耗品之一。隨時隨地準備好一小包面紙，以防流汗沾到多餘的睫毛膏，或抿掉過多的口紅及牙齒上的唇彩等。

★化妝包 28

除了準備筆刷袋，將所有筆刷排好之外，也可準備一個小化妝包，把一些雜七雜八，零零碎碎的用品放進去，以免尋找時不易找到。

★眼藥水 29

可以準備攜帶式的食鹽水，消除眼睛之乾澀，或是準備一種「Get Off Red」讓紅血絲去掉的眼藥水，使眼球看起來更為明亮。

★調色棒 30

還可當成挖棒，用在保養品上，以保持保養品不易變質，用在彩妝品上，可用來調粉底或口紅等之用，既衛生又方便，一舉數得。

PART 4
認識粉底

PART 4

認識粉底

專業彩妝師可準備淺、中、深三種粉底，針對不同人作不同調色。

在完成清潔、保養之後，即將開始我們上妝的第一步驟——認識粉底。

許多消費者都搞不清楚自己的皮膚色調，因此常透過專櫃小姐的推薦誤選了不適合自己膚色的促銷產品，顏色可能因為太淺或太深，而無法讓自己的妝更出色。所以認識粉底，可以讓自己在選購時，更能選擇適合自己膚色的粉底，讓肌膚更為明亮。

一、 妝前飾底乳（又稱為控制粉底，英文名稱為Base Control or Color Balance）

每個人臉上的膚色色素分布不均勻，所以它有改善膚色或調整臉部膚色均勻的作用，一般化妝使用時，必須先了解其產品的質地（例如，它可能是液狀、乳狀、霜狀、餅狀或條狀等，也可能用有色隔離霜來替代）與色彩（綠色、藍色、紫色、黃色、橙色、粉紅色、咖啡色、白色等），化妝師與消費者必須充份了解才能運用自如。目前台灣市場上推出此類商品的品牌歐系、美系及日系皆有。選擇上，應考慮其素材的濕潤度與透明度，如此更能幫助粉底與皮膚間的密合，讓粉底顏色與質感更自然。

化妝經過一段時間後，你最在意什麼？

下部位泛油光
↓
哪一個符合你的狀況？

接觸紫外線時間長，易出油、泛油光而脫妝。	在冷氣房中時間長，易出油、而兩頰又乾燥。

先用吸油面紙吸乾油質再補妝

控油乳液 + 兩用粉餅	控油乳液 + 保濕乳液 + 兩用粉餅

▶不同肌膚顏色選擇妝前飾底乳的使用方法：

（1）綠色（Green Base）

西方人士或寒帶人種的皮膚最容易因敏感或微血管的破裂，而造成皮膚紅通通的狀況，此時使用綠色控制粉底，可以修飾泛紅的皮膚，但使用時應避免過量，否則臉部泛青，將會造成反效果。

（2）藍色（Blue Base）

淡淡的藍色調可以降低皮膚過多的粉紅色調，保留膚色基調，使膚色看起來較為自然，是許多白種人常用的顏色飾底乳。

（3）紫色（Purple Base）

為亞洲人最常用的控制粉底色彩，因為它可將皮膚中的黃色基調去除，保留膚色中的粉紅色調，可修正皮膚中的不均勻、蒼白、灰暗的色調及修飾看起來疲倦的功能，使其增加透明度與光澤。許多化妝師局部使用紫色於眼袋部分，可以改變眼袋的膚色及明度，也常常運用於T字部位，以增高其明亮度。

（4）黃色（Yellow Base）

攝影妝經常會牽扯到燈光效應，為了統一膚色基調，使東方人不均勻的膚色看起來更為健康，讓臉部看起來更柔和，通常採用黃色飾底乳。目前許多化妝品公司所發售的色彩偏向淡黃色，較過去的純黃色調更易於使用。

（5）橙色（Orange Base）

為了使較黑的膚色或晒過陽光的紅棕膚色皮膚，呈現健康的質感，去除晦暗膚色而使之發亮，常使用的顏色之一，有時也可在小麥色或暗色粉底上加上橙色飾底乳，而創造出古銅色的肌膚或曬傷妝的感覺，都是不錯的方法。

（6）粉紅色（Pink Base）

最常運用於娃娃妝或新娘妝上，為了增加膚色的粉嫩感。西方人使用粉紅色是為了讓太白的膚色有所氣色，而東方人使用時，必須先用紫色去掉膚色中之黃色基調，然後再加上粉紅色，如此漸進的調整膚色，才不致於產生不必要的第三色效果。

（7）咖啡色（Brown Base）

淺咖啡色可與粉底調色配合，增加皮膚質感，使膚色偏向暖色調或健康色調，充分加強粉底色彩的運用程度。深咖啡色有收縮的效果，在攝影妝、電視妝裡，都有修飾臉型的效果。

（8）白色（White Base）

為了加強臉部明亮度的效果，很適合於攝影妝使用，亦可搭配淺色粉底，修飾不光潔的肌膚或臉部較為凹進去的部位，因為白色有擴張的效果。

最後，了解所有控制粉底顏色之後，在選擇粉底時，必須選擇改變膚色後的粉底，如此一來才真正的能使膚色煥然一新。當然，如果想成為一位專業化妝師，就更須靈活運用分析每個顧客的色調，而給予更好的效果。

★隔離霜可能是有色或無色乳液、或偏白色。購買時須先確定自己的膚色和需要，才能達到最好的效果。

★隔離霜分為：SPF（Sun Protection Factor）——是防禦UV-B的防曬指數。當然係數越高，防曬的時間也會拉長，但相對的產品也較油，所以需慎選。

★PA（Protection Grade of UV-A）——是防禦UV-A的防曬係數，其數值分為3個階段：PA+、PA++、PA+++。

二、粉底（Foundation）

記得第一次到美國的百貨公司研究每個品牌的粉底時，赫然發現雅詩蘭黛集團旗下的「Prescriptives」品牌化妝品居然有一百多種顏色、五種不同成分的粉底。消費者選購時，專業的化妝師會針對顧客的膚色而選擇不同色調的粉底，進行調色裝成一瓶給顧客帶回。因此，讓我了解粉底對人的重要性，接下來我以粉底的形態來介紹產品。

▶ 1.液狀粉底 Liquid Foundation

這是最適合消費者使用的粉底形態，通常是採用瓶裝或軟條狀包裝，它的水分含量較高，因此較易與皮膚結合，易於推勻。目前液狀粉底在市場上大致分為三類：第一是Matte（或Oil Free），呈現無光澤度，不含油質的化妝效果。第二是Luminary（Shiner），為亮度較高的透明（或珍珠質地）的粉底。第三是Satin（Semi-Matte、Demi-Matte或Dewy），呈現霧光的質地，其反光度介於第一種與第二種之間。

▶ 2.霜狀粉底 Cream Foundation

常見的為瓶狀、條狀，還有罐狀等包裝，水和油的含量差不多各半。因此濃度較液狀粉底高，遮瑕效果也更高。最常用於攝影妝、晚宴妝等，是外國模特兒最好的打底方式。

▶ 3.條狀粉底 Stick Foundation

固狀，大都做成條狀形或餅狀形，是含油性與色料極高的粉底。因為遮蓋力極高，常用於攝影妝、電視妝、CF妝、舞台妝或新娘婚紗妝等等。

▶ 4.兩用粉底 Two way Foundation or Two way cake

兩用粉底是粉底與蜜粉的結合，它可以沾水與不沾水兩用，最常使用於補妝之時；或一般上班族在趕時間的狀況下，在使用完隔離霜後就可直接使用兩用粉底。至於容易讓人流汗的夏天，使用兩用粉底也是不錯的選擇之一。

▶ 5.慕絲狀粉底 Mousse Foundation

嚴格來說，慕絲粉底應屬於液狀粉底的一種，只不過是經由空氣打壓，使其成為密度低的泡沫狀粉

底。使用時需先搖動（Shake）一下後擠出，由於是低密度，水份容易吸收，上妝的速度必須快些，以免粉底乾掉而推不均勻。相對地，如果使用的順手時，會更顯得透明清爽、自然。當然，如果想遮瑕，可能效果就不是很好。此種粉底非常適合於年輕人的肌膚，自然妝及夏季時使用的產品。

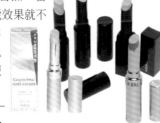

三、粉底的使用技巧

用手打底

適合使用於液狀、霜狀、慕絲狀等粉。因為手有溫度，再加上手的柔軟度與彈性，可以使粉底與皮膚更加的密合，能夠達到透明自然的化妝效果。

以海棉打底

海棉可分為密度低，較柔軟的海棉，以及密度高較結實的海棉。較柔軟的海棉可使用在薄的粉底，如液狀、霜狀、慕絲狀等。較結實的海棉可沾點水，使用在濃度稍高的粉底，如條狀、餅狀等。還有一種孔隙非常大的海棉，可以做特殊效果，或沾水粉膏使用。海棉有許多形狀選擇，以自己順手為原則，使用海棉的技巧，可以依照順肌肉生長方向輕拉或推的方式，按壓、輕彈、轉圈的打底方式，會讓粉底與肌膚更為緊密厚實，這是一般正常肌膚的打底方式。如果皮膚有凹陷、瑕疵，毛細孔較大者，需由下往上打

▶ 6. 蓋斑膏 Cover Mark 又稱為遮瑕膏

顧名思義，能夠遮蓋臉上一些不好看的東西，如痣、斑點、胎記，或因受傷而留下的痕跡，它較條狀粉底又更為厚些，也有顏色的區分。如果在上粉底前使用可選擇和膚色接近者，如果在粉底過後遮瑕，可選擇較膚色淺二個色調的顏色來使用。當然也可用一些蓋斑膏和粉底液混合使用，也會有意想不到的效果，謹慎使用蓋斑膏才能達到其效果，否則會欲蓋彌彰，越弄越糟。

底，以遮蓋其凹陷，再由上往下推勻，如此肌膚就會變為光滑，但相對地，卸妝時就需很努力卸乾淨。

以筆刷打底

最常使用在人體彩繪（body painting）上，也可局部使用在臉上，如，臉上瑕疵：眼袋、斑點、青春痘等。 細紋：法令紋、嘴角、鼻翼等修飾，或選擇較為柔軟的動物毛（如貂毛），力道輕輕的上粉底，才不致於留下筆痕。

▶ 皮膚的特殊狀況及粉底處理技巧

脫皮現象

1. 用具黏性的膠帶或細磨沙膏將脫落皮膚輕輕去除。
2. 脫皮處可加些面霜類用溫毛巾加以輕微按摩，用按壓方式上粉底。

凹洞、毛孔粗大

1. 先用淺色粉底或飾底乳填滿凹洞或粗大毛孔，再輕

壓上近膚色粉底。

2. 貼上與洞大小相當的不反光透明膠帶或特殊膠再上粉底。

黑眼圈

1. 用黃色或白色的飾底乳遮蓋黑帶紫的眼圈部分，視黑眼圈嚴重情況而定，可多蓋兩次。

2. 用筆刷沾粉底，由近眼頭、眼窩部分，由內往外、由下往上暈開。

青春痘

1. 用綠色的飾底乳改善紅腫的皮膚色調。

2. 濃妝可用蓋斑膏或遮瑕筆修蓋。

3. 膿胞部分可用化妝刷尖部點上，再用手輕壓推。

4. 化膿有傷口處，可先塗抹消炎作用化妝品再上妝。

黑雀斑

1. 用化妝刷沾黃色或白色飾底乳或淺色粉底，點在黑斑處，再用手指輕輕按壓。

2. 濃妝可用蓋斑膏或遮瑕筆點上按壓。

痣

1. 未突出的痣，用蓋斑方法遮蓋。

2. 突出的痣，在粉底完成後用白膠點在上面，蜜粉壓一下，會變得較不明顯。

皺紋

1. 應先將皺紋撐開塗抹粉底液，粉底量宜薄不宜過厚，否則將使皺紋更明顯。

2. 若真有過於乾皺現象，可將乳液或精華液調在粉底液中，以按壓方式塗上，塗上後立即撲上蜜粉。

▶粉底的色系一般分為四大色系：

第一類為白偏黃　如杏仁色（Almond）、象牙白（Ivory），

這是所有產品中必備的顏色，也可當為調色之用。

第二類為粉色系　如粉紅色（Pink）、玫瑰色（Rose），或是歐美品牌中的自然色系（Nature），實際上其基本色調為粉紅色。

白種人最常使用一、二類為基色的粉底。

第三類為偏黃橙色系　如歐美品牌中的「Beige」、「Brown」、「Yellow」等，日系品牌則以「Nature」標示。**東方人最適合此偏黃、橙色系，皮膚看起來較為健康、自然。**

第四類為紅（赭）色系　如橄欖色（Olive）或一般所謂深褐色（Dark Brown）。

黑人最適合此色調。

選擇粉底的色系時，除需考量人種、膚色外，季節的因素也需注意，如夏天膚色容易偏紅，冬天容易偏黃，還有髮色的變異性，更是身為一位專業彩妝師必須考慮到的問題。

化妝經過一段時間後，你最在意什麼？

眼、唇四周部位乾燥、浮粉

↓

哪一個符合你的狀況？

↓　　　　　　　　　↓

接觸紫外線時間長較易乾燥，臉上有乾燥與日曬後的痕跡。　　在冷氣房中時間長，易造成浮粉、缺水、乾燥等情況。

用海綿沾水，輕輕推開乾燥、浮粉的地方。

↓　　　　　　　　　↓

保溼乳液＋兩用粉餅　　保溼乳液＋粉餅

PART **5**…
蜜粉種類

PART 5 蜜粉的種類

MAKE UP

當所有粉底動作完成之後使用蜜粉，謂之「定妝」。如果粉底打的不好就使用蜜粉，可能會造成無法挽救的局面，因為蜜粉主要的功能就是幫助粉底持久，增加皮膚的透明感與光澤度。因此蜜粉扮演著區隔霜狀、油狀與粉狀的界線，也就是說，如果要使用霜狀油狀的產品，必須在粉狀之前使用，以免變成糊狀，破壞了原先應有的質感。

一、蜜粉的分類方式

1、一般蜜粉（Face Powder or Loose Powder）

一般蜜粉大都是盒裝，呈散粉狀，顏色以膚色為主，產品色系的分類大致與粉底類似，使用方式以粉撲大量沾取按壓於臉龐，多一點蜜粉對於粉底較持久，之後再以餘粉刷刷除多餘的蜜粉，如此一來，才是完完整整的定妝。

2、透明蜜粉（Translocent Powder）

最常使用在攝影妝或自然妝中，因為你無須考慮原先粉底的顏色，因為它是近白膚色的透明蜜粉，完全不影響底妝，也可建議一般消費者使用，或者可以使用透明蜜粉和自己的膚色蜜粉調合在一起使用，更可增加其透明感。

3、控制蜜粉（Color Control）

其色彩理論同控刷粉底色彩一樣，最常見的色系包括：綠、藍、黃、粉紅、紫、橙色、咖啡色等。也許你在打底時，並未使用控制粉底定妝完成，覺得某些局部要做些修飾時，例如，紫色蜜粉，可用來增強眼袋、T字帶的高明度。橙色用於雙頰，創造出健康感。粉紅色常用於新娘妝。咖啡色增加男士膚色質感等，你可以使用控制蜜粉，增強其效果。

4、珠光蜜粉（Iridescent Powder）

　　最常使用於party、舞台妝、宴會妝或新娘妝中，可以使彩妝更閃耀，皮膚質感更光亮，由於其色料成份對於光的感應極強，有擴張的效果，所以必須小心使用，以免造成反效果。

二、蜜粉的工具

1、粉撲　購買時，選擇毛愈長者，著粉效果就愈好（可以考慮日本品牌）。

2、蜜粉刷　刷頭面積大者，易沾取較多的蜜粉，是消費者最常也是最好的使用方式之一。

3、餘粉刷　大都成扇形。將粉撲壓過後多餘的蜜粉刷掉。

三、蜜粉的種類

　　蜜粉在市場上的分類多達數十種，可輕易地藉由外觀辨識其功能分類。選購時，不僅選擇自己所喜好

5、彩虹蜜粉

　　各家產品不同，有的使用四色、五色或六色的不同色彩組合成餅狀或球狀的透明質感產品。最常使用在自然妝上，因為只要一支大蜜粉刷在蜜粉盒中畫圓式沾取，輕刷於臉龐，就有異想不到的效果。

6、壓縮蜜粉→粉餅（Pressed Powder）

　　也就是鬆散的蜜粉結成塊狀，攜帶較方便，最常用於補妝。壓縮蜜粉包含了上述的1～5蜜粉形式。

　　充分了解各個品牌產品的特性及使用方法後，再加上不斷的練習，一定可以創造出一個美麗的妝。

的品牌，更可以肉眼觀察蜜粉的質地，質感愈細緻的蜜粉，定妝的效果就更好。

1、散狀蜜粉（Loose Translucent Powder）

A、透明蜜粉：因為透明，所以不會影響粉底的色調，並可呈現自然的效果，適用於任何粉底之上，是消費者最好的選擇。

B、膚色蜜粉：可以增加膚色的質感，呈現健康的色調，也是一般消費者不錯的選擇。

C、控制蜜粉：

　　白色 可增加膚色的明亮度，最適用於強調T字部

位立體感，或是遮蓋黑眼圈之用。

紫色 調和偏黃或偏橘黃的皮膚色調。

淡綠色 降低皮膚因過敏、紅斑、微血管浮現而
呈現皮膚泛紅的色調。

粉紅色 有喜氣之感，可增加皮膚柔和、清新的
光采。

棕褐色 適合膚色較深或較黑的人使用。

D、珠光蜜粉：使皮膚的質感更為細緻。因為在鏡頭
下會有擴張的效果，所以考慮局部使
用會較好。

E、彩虹蜜粉：呈小圓珠狀，不同顏色，但可使用蜜
粉刷直接呈圓滾狀，滾動一圈刷在臉
上，顏色方面也是呈現自然色。

2、**壓縮蜜粉**（Pressed Powder）

呈餅狀、攜帶方便，易於補妝之用，其功能和散
狀蜜粉相同。

3、**修容餅**（又稱為輪廓修飾餅）（Shading and
High Lighting Pressed Powder）

大都在蜜粉定妝後使用，有白色、膚色、深膚
色、咖啡色系、粉紅色系、桃紅色系等，作為修
飾臉形之用，可以更加強調臉型立體效果。

PART 6

如何修眉

PART 6

如何修眉

MAKE UP

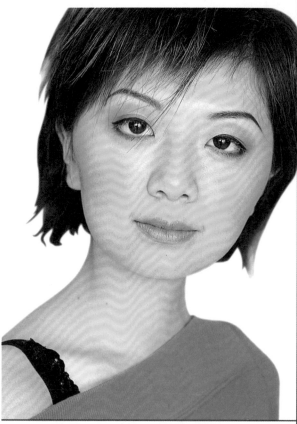

記得畫眉頭時，力道一定要放鬆，眉型才會自然！

當與他人雙目接觸時，可能第一眼注意到的就是眉毛（包括眉型與濃密），眉多少也代表其個性。例如，標準眉型讓人覺得自然、好相處；眉峰較高者，讓人覺得有個性；彎彎的眉型，讓人覺得溫柔婉約等等。因此不同形狀的眉型給人的感受不同，如何修出一個適合自己的眉型，是畫眉前的一個重要課題。

一、 如何修眉？

修眉之前，先畫出眉型的輪廓線，因為修眉不外乎用刀片修剪或拔眉，自己直接修剪，經常會愈修愈細，或兩邊不均勻，所以用削好的細軟眉筆，輕輕地將輪廓線勾畫出來，最好以自己的眉毛為基礎加以修飾，若硬要修成不同形時，可能會比較做作的感覺。或是和化妝師討論一下自己的眉型也是不錯的方法之一，以後照著原先修飾好的眉型再去除雜毛即可。

訂出眉型時要注意，眉毛上緣凸顯眉弧，眉毛下緣塑出眉型。畫上緣眉毛時要注意靠近眉峰的地方有個「眉弓肌」，抬眉時容易表現出來，因此在上緣眉毛最鼓起的肌肉，畫出輪廓線，此時可搭配想要的眉型，然後再決定眉毛的粗細訂出下緣眉型。

當上下緣眉型完成後，再決定眉頭與眉尾的長度是否在一水平線上，或表現不同的形狀，修出自己想要的眉型。

二、 修眉方法：

　　修眉的方法不外乎用鑷子拔除多餘的眉毛，不然就是使用剃刀剃除雜亂的眉毛，使之有型。而鑷子和剃刀有何區別？

1、 **鑷子** 在使用前，最好先輕淡描出眉型輪廓線，然後再小心翼翼的將多餘的眉毛拔除，剛拔之時可能疼痛紅腫，可用化妝水先按壓一下，再開始化妝。

2、 **剃刀** 若是初學者，我會建議使用安全刀片，也就是刀片上有波紋狀，如此一根一根的剃除，也可將眉型修的很好。

3、 **剪刀** 順便準備一把小剪刀，以防眉毛濃密之人。可以用睫毛梳將眉毛往下壓剪，把太長或太密的眉毛去除一些。

★如果在修剪眉毛濃密處時，不小心剪出一個洞時，別慌張，只要在凹洞處刷上一些咖啡色眼影，即可縮小差異，而看不出來。

三、 畫眉重點：

　　眉型關係著一個妝的成敗，應該如何的畫法，在這裡我可以提供一些心得：

1、 描繪出漂亮眉型的首要條件是放鬆力道，然後才可以針對眉毛的輪廓輕輕地暈染。

2、 要將筆尖稍微磨的尖尖圓圓的，如此畫出來的線條會比較自然。

3、 畫眉型不是很硬地畫線，而是要輕巧的將顏色描繪在眉毛，輪廓線內分次的方式進行，不要想一次上色完畢。

　　先將眉毛寬度分為三分之一，將上眉緣先用眉筆上色，然後再用眉刷輕輕刷染暈下來即可完成眉型的畫法。

四、 畫眉商品

　　包含眉筆、眉粉、透明刷眉膠（以固定眉的定向，也可刷睫毛，類似睫毛膏）。

PART 7 眼部彩妝

PART 7 ____ 眼部彩妝

MAKE UP

★每個人的雙眼大小可能會不一，因此可以用膠帶
　改變，也可以用色彩深淺表現，或是動點小手術
　皆可。

★可以利用眼線達到拉長眼睛的效果，如果眼睛較
　細長，就儘量避免眼線在眼尾的地方結合。

★眼線、眼影是最難畫的，最重要的就是多練習，
　就可以把自己表現的更有特色與自信。

　　眼睛是一般人最容易表達情感，傳遞愛意
的工具，所謂的「目不暇給」與「目不轉睛」
都代表著眼神所發出來的訊息，因此如何將不
同的眼睛轉換成靈活的大眼睛，我相信是每個
女孩子都夢寐以求的事，甚至有些女孩子乾脆
動點小手術，以便日後更容易上手化妝。所以
在不動用小手術之外，怎樣用化妝技巧來表現
眼神就須先了解自己的眼睛屬於那一型，然後
適合什麼樣的顏色，再不斷的練習，一定可以
將自己的優點，表現得盡善盡美。

一、眼線

　　100%可以增加眼睛明亮度，不化妝的
人，如果畫一點眼線，眼睛馬上就變立體了，
因此畫眼線有「畫龍點睛」之效，當然有很多
人一講到要畫眼線手就會發抖，覺得自己辦不
到，其實多練習幾次就能夠駕輕就熟；畫眼線
的商品也有許多種，包括：眼
線筆、眼線液、眼線餅等，
其困難程度一一將其分曉！

二、假睫毛

　　對於睫毛較短之人，除
了刷睫毛膏之外，假睫毛無非是最大的功臣，

因此在30、40年代，假睫毛就廣泛的被運用，而且不同年代的假睫毛也有不同的型與濃密，在50、60年代交叉型的假睫毛廣為運用，現代更流行將睫毛剪為一根一根種（黏的意思）在睫毛根部，以補有些睫毛較少，而看起來更為自然！

三、夾睫毛

選擇適合眼睛弧度的睫毛夾，將眼皮拉起，儘量靠近睫毛根部，然後輕輕夾下，往上翻起再慢慢放，如此就可撐很久（若是比較直的睫毛，燙鬈較能持久），比較短的睫毛，可以先刷睫毛膏再夾。現在市面上有電池式的睫毛夾，效果不錯，可以一起運用。若要戴假睫毛，正確步驟是：夾完睫毛、刷完睫毛膏之後再戴。

四、睫毛膏

可因睫毛膏的刷頭，辨別自己所需為何。

1. 加長型　睫毛刷的刷頭直且長，睫毛膏內纖維成分較多，可讓睫毛變長，睫毛膏刷至睫毛尾端時，記得慢慢往上拉，效果更顯著。

2. 濃密型　睫毛刷較粗，所沾的睫毛膏較多，可讓睫毛變得更濃更密，而且有加長效果，如果不夠可多刷幾次。

3. 防水型　耐汗防水，但相對的不易擦掉，適合易出汗或游泳池、

海邊等，可使用專門的卸妝水清潔。

4. **局部型** 刷頭較短，適合局部塗刷，如眼睫毛頭或睫毛尾端。

5. **彎俏型** 睫毛刷呈現彎曲狀，適合將睫毛刷俏。

6. **混合型** 刷頭是一半螺旋、一半成牙刷狀，可刷睫毛、也可刷眉毛，同時讓睫毛膏不易結塊。

五、貼雙眼皮膠帶

除非眼皮較薄或內雙的人，較容易貼出彷彿是雙眼皮的感覺，否則我不太贊成使用膠帶，尤其是拍照的時候，近距離拍攝經常都會感覺到眼睛不自然。

剪出的形狀：

1. 半月型：跟著眼睛弧度走，較為自然。

2. 三角形：可將眼尾往上揚些，對於眼睛下垂之人，多少有些幫助。

現代美容醫學非常發達，割雙眼皮算是種小手術，愛美的人不妨可以考慮這個一勞永逸的方法。

六、調整眼睛距離

兩眼等距離之眼影畫法

　　由睫毛根部往上，
照眼睛弧度由深至淺，
圓弧畫法重點在眼睛中
間。

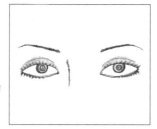

兩眼距離較短之眼影畫法

　　重點在眼尾部
位，弧形畫法在眼尾部
位加強，可先用眼影筆
將眼尾畫粗些，用棉花
棒暈開再上眼影。

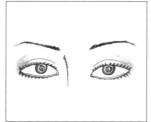

兩眼距離較遠之眼影畫法

　　重點在眼頭部
位，可順便把鼻型勾畫
出來，讓兩眼距離不致
於看起來太寬，也可利用眼線畫至
眼頭部位，以增加距離較近感。

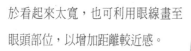

七、眼影產品

　　不同妝使用不同的產品，可以達到更好的效果！
　　一般包含眼影筆、眼影霜、眼影膏（這些產品可
單用、或使用在粉質產品之前，以免推不均勻）。眼
影粉、眼影筆（為最常使用畫眼影的產品），眼膠
（新產品，呈現透明、營造果凍般的效果），
乾濕兩用眼影（眼影棒微
濕，沾眼影畫上，可使顏
色更為飽和），另外也可使
用人體彩繪畫眼影喔！

▶ 普通妝畫法

第一種畫法（眼線筆&眼影粉）：

眼影 以淺色系將虛線內部完全畫滿，再以咖啡色系由睫毛上方蓋住之前之眼線，以圓弧畫法由深慢慢至淺產生層次感。

眉型 自然眉型，以眉筆輕輕畫過，再以斜角眉刷刷均勻。

眼線 以深色眼線筆，沿著眉毛畫上上眼線，再以棉花棒勻開。

下眼線 由眼尾至眼中以咖啡色系慢慢變淺。

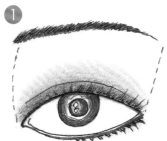

第二種畫法（眼影粉）：

眉型 以眉刷沾點眼影粉，輕輕照眉型刷過。

眼影 以淺色系大範圍的將其畫滿，再以中間色系以圓弧畫法畫至雙眼皮之上，眼線的地方以深色眼影粉刷上，使其有暈染效果。

下眼影 可輕沾眼影粉，由外眼角刷至中間部分。

第三種畫法（眼影粉）──單眼皮：

眉型 刷成自己的眉型。

眼影 以米色系畫滿整個眼瞼，以棕色系由靠近眼線的地方畫至眼拋的地方，層次感必須表現出來。

眼線 眼線至內雙的部分可以深色眼影畫過，層次感會更加明顯。

下眼線 可以中間顏色，由眼尾至眼頭淡淡帶過，眼尾可再加深一些。

第四種畫法（眼影筆／眼影膏）：

眉型 如果覺得自己的眉型太直，可以在眼尾1/3處挑高，畫出眉峰。

眼影 以眼影筆或眼影膏直接塗抹在眼皮上，由深至淺推暈開來再按上蜜粉即可。

下眼線 可以棉花棒沾點眼影膏或眼影筆直接由眼尾至眼頭輕輕描過。

睫毛 可以夾一夾睫毛，再刷上睫毛膏，稀疏者可用濃密型；較短者可用加長型。

▶ 濃妝畫法（宴會、晚宴妝）

第一種畫法

眉型　晚宴的眉型可以有些角
　　　度，眉筆完成後用同色系
　　　或別種色系睫毛膏刷上，
　　　可呈現不同種的感受。

眼影　以淺色系畫滿整個眼皮，
　　　再選擇較深的顏色，在眼
　　　尾1/3的地方斜45度外深
　　　內淺，再勾勒出弧形往前
　　　越淺，使眼影看起來有層
　　　次感。

眼線　以深色眼線筆靠近睫毛根
　　　部先畫出來，眼尾拉長些
　　　再暈開，以深色眼影覆上。

下眼線　先用眼線筆，由眼尾畫
　　　　至眼中的地方，再用深
　　　　色眼影覆蓋，眼頭的地
　　　　方，可以用較淺或較亮
　　　　的眼影畫至眼中，如此
　　　　眼睛看起來更立體。

第二種畫法

眉型　晚宴的燈光較為
　　　柔和、暗淡，因
　　　此可以加強眉型
　　　與濃度，讓眼睛
　　　的部分看起來輪
　　　廓線條更明顯。

眼影　以淺色或亮光色
　　　彩畫眉股的部

分，中間色畫眼窩內的部分，眼尾
45度倒勾畫至眼頭地方，還可以棕
色淡淡的描出鼻影部分。

眼線　可以眼線餅沾水，畫出眼線。

下眼線　可以眼線筆由眼尾至眼頭由深至
　　　　淺勾出下眼線，眼頭的部分可亮
　　　　些。

第三種畫法

眉型　以眉筆劃
　　　出眉型，
　　　再以眼影
　　　粉刷出眉
　　　型，用睫
　　　毛膏順著刷出眉毛走向。

眼影　睜開眼睛畫出假雙（用眼線筆輕輕
　　　畫出假雙，再用棉花棒往上輕輕推
　　　開）眉股的地方以淺色畫好，假雙
　　　的部分以深色眼影往上推勻，雙眼
　　　皮內以亮色眼影畫上。

眼線　以眼線筆勾勒出眼線，再以眼影粉
　　　覆蓋上。

下眼線　以眼影粉輕輕畫上
　　　　即可。

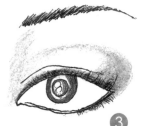

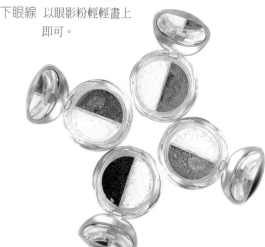

▶ 舞台妝畫法

第一種畫法

眉型 以深色眉筆勾畫出眉型，
眉頭的部分可加重，眉型
的線條更爲明顯。

眼影 眉股部分用較爲淺亮的顏
色，眼影的畫法以暈染式
的一層一層加上去，而且
眼尾拉長45度。

眼線 上下眼線連接起來，眼頭
的部分，眼睛要先張開
畫，才能畫出鳥嘴的形
狀，眼尾一定要斜拉長。

第二種畫法

眉型 以深色眉筆先淡淡畫出眉
的線條，再用眼線餅或眼
線液畫出眉型使之線條明顯。

眼影 眉股打亮同時使眉型更明顯，眼窩的
部分也可使用較亮
的色彩在中間，深
的顏色從眼尾開始
畫，慢慢向前暈再
勾出眼窩弧型，往
眼尾斜45度拉上。

眼線 上下眼線皆要畫，下眼線、眼
影、眼頭可用亮色，眼尾再
用深色。

第三種畫法

眉型 可以挑高畫出不同感覺的眉型，再
以睫毛膏將眉頭刷成較立體。

眼影 眉股的地方可擦較亮的眼影或加些
飾品，眼窩內也以亮色表現，眼影
的外框勾
勒色彩與
眼尾、眼
影成對比
色，鼻影
也可用咖
啡色修出。

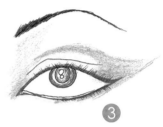

眼線 舞台妝非常注重眼線，所以眼線一
定要畫的很明顯，而且下眼頭、眼
影必須畫亮色，下眼尾和上眼尾顏
色相同。

PART 8...

鼻子修飾

PART 8 鼻子修飾

修飾鼻影的產品,譬如,粉底膏、修容餅、眼影等,你可以用膏狀的修飾完之後,用蜜粉壓上,也可在蜜粉上完之後,用粉質的產品修飾,或是兩著皆用在某特定場合也可以。

東方人的鼻子無法和西方人比較,卻更能突顯東方人獨特的特性,當然有些人一定不滿意自己的鼻型,但又怕去整型。我們可以用化妝的方式加以修飾,即可達到很好的效果!

1. 鼻子大

兩側 鼻樑細長處作陰影,暈下至鼻頭兩翼。

淺色 鼻樑上的淺色修容要窄而長。

2. 鼻子小

兩側 擴張視覺重點是兩側微打上陰影即可。

淺色 鼻樑上的淺色要暈得較寬些。

3. 鼻子太長

兩側 只加強立體感避免加長鼻樑長度,兩側陰影最好從眼首開始。

淺色 最好比鼻子短一點修容,甚至只要在鼻根部略打即可。

4. 鼻子短

兩側 由眉頭開始斜向拉下有拉長的效果。

淺色 為了加長長度的視覺效果最好從鼻根一直打到鼻端。

PART

9

臉型修飾

PART 9

臉型修飾

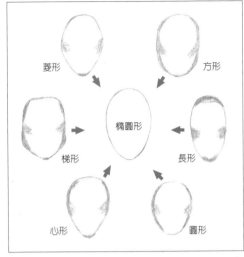

菱形　　　　　　　　　　　方形

梯形　　　橢圓形　　　長形

心形　　　　　　　　　　　圓形

▶ 一、菱型：

特徵 額頭較窄，太陽穴部分微凹，顴骨較
　　　凸，兩頰消瘦，下巴較尖。

修飾 太陽穴→淺色，顴骨→收縮色，兩頰→淺
　　　色，下巴→些微收縮色。

▶ 二、方型：

特徵 額頭較寬，太陽穴較寬，腮幫微凸，下巴
　　　圓弧。

修飾 額頭→收縮色，顴骨→收縮色，腮幫→收
　　　縮色，下巴→淺色。

▶ 三、梯型：

特徵 額頭較窄，太陽穴微寬，腮幫較凸，下巴
　　　斜帶尖。

修飾 額頭→淺色，太陽穴→收縮色，腮幫→收
　　　縮色，下巴兩側→淺色，下巴中央→些微
　　　收縮色。

► 四、橢圓型：

特徵 標準臉型，三等分。

修飾 不需太多修飾

► 五、長型：

特徵 額頭較高，太陽穴微窄，顴骨微凸，兩頰瘦長，下巴較長。

修飾 額頭→收縮色，顴骨→收縮色，兩頰→些微收縮色，下巴→收縮色。

► 六、心型：

特徵 額頭微寬，顴骨微凸，兩頰消瘦，下巴略尖。

修飾 額頭兩側→收縮色，額頭頂端→淺色，兩頰→淺色，下巴→些微收縮色。

► 七、圓型：

特徵 額頭略為圓寬，顴骨微凸，兩頰圓潤，下巴圓弧。

修飾 額頭→收縮色，觀骨→收縮色，兩頰→收縮色，下巴→淺色。

腮紅

「畫的好像蘋果，不好像猴子屁股」，所以腮紅在刷的方法上，也有不同的呈現，可以修飾臉型，又可以讓臉部氣色紅潤。

一、修容產品

包含粉質腮紅及膏狀腮紅（可以單用，也可兩者皆用，記得膏狀的產品要先用，再用粉質的產品）。

二、使用的工具

1. 腮紅刷：比蜜粉刷小的刷子，有圓頭或斜頭的，用來做不同感覺的修飾。譬如，畫娃娃妝就可以用圓頭刷輕輕的打轉；如要修飾臉型可以用斜頭刷修飾，記住利用刷子的面積做不同的力道，就可產生不一樣的效果。

2. 海綿：選擇膏狀腮紅時，可以運用海綿輕輕沾上臉頰，再慢慢推開。

3. 手指：碰見液狀或膏狀腮紅時，用手指推抹是最快速的方法。

三、畫腮紅的技巧

1. 修飾臉型的目的就是將它變立體，因此它有一個範圍，就是不能超出圖中的基準線。

2. 當嘴張開時我們會發現耳朵與顴骨間有個凹陷，由此凹陷開始修容，修飾的角度因臉型所不同。

3. 刷的時候由鬢角處開始，力道重些再往前慢慢的輕刷，然後上、下刷暈開來，這樣就很自然。

4. 當臉部的線條修飾完後，以粉紅、杏桃等較為柔和的色系，在笑的時候臉頰上鼓起的肌肉處由內往外輕輕的斜上刷，與臉部修飾的修容連接，當然不同的妝，也可用不同的畫法，如打轉式畫腮紅或N式畫腮紅等。

5. 畫的時候記得筆刷沾粉後在手背先打暈再畫，如此色彩才會均勻漂亮！

6. 如果要畫較濃的妝，可以先用膏狀或棒狀腮紅打底，修飾的部位一樣，再以蜜粉按過，然後刷粉質腮紅。

PART **10**

唇彩表現

PART 10

MAKE UP

唇彩表現

每個女人都至少會有一至二條的口紅，即使不上妝的人都會擁有口紅，因為口紅是最快速讓臉上感覺有妝，而且氣色會變好，因此每個女人都可選擇適合自己唇色，和最多衣服可搭顏色的口紅來使用，當然有時朋友也會送口紅當作禮物，可能顏色不適合你，但也沒關係，只要和自己擁有的顏色互相混合搭配一下，說不定會有更好的色彩出現，而且包包裡的口紅最好是有兩支，一深及一淺，這樣嘴唇才會看起來立體喔！

一、先選擇扁平形狀的筆刷，在口紅上來回刷幾次，將筆刷的兩側刷為均勻，以利描繪唇型。

二、嘴唇微張，往兩邊拉，上唇頂住上齒，下唇頂住下齒，如此一來就很容易描型。

三、畫唇型之時，先要知道上唇與下唇的比率約1：1.2~1.5之間，然後以唇峰開始描繪，再畫下唇，有些人不會用唇刷，也可以用唇線筆先描邊，再用口紅畫中間，但兩者的色調要相近，而且畫口紅需記住外圍輪廓要深些、中間淡些，如此一來才會

立體，唇蜜記得
只能用在中間
喔！太油了
怪噁心的！

四、其實每個人
都有自己特
定的嘴型，
而且是代表

自己的個性，當然也有人會不喜歡自己的唇型，
只要懂得修飾的技巧，很容易就會畫的很好，譬
如說，西方人嘴唇較薄，因此畫的時候可以用唇
線筆先將其描大些，再用口紅畫中間的地方相連
接，非洲人可能唇型較厚，因此可用蓋斑膏將其
修飾小些，再描唇型，東方人有時唇型較俏，也
可用蓋斑膏修飾唇峰及嘴角部分，使其看起來比
率較爲均等。

1、下唇較薄
特徵 上唇標準、下唇較薄。
修飾 用唇線筆先將下唇描寬一些，上唇照原先線
　　　條，再上口紅或唇蜜。

2、上唇較薄
特徵 上唇較薄、下唇標準。
修飾 先用唇線筆先將上唇描寬一些，下唇照原先線
　　　條，再上口紅或唇蜜。

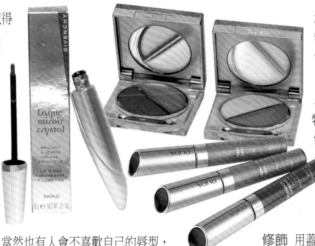

3、上下唇皆薄
特徵 上、下唇皆比標準小。
修飾 用唇線筆將唇型加大，
　　　再上口紅或唇蜜。

4、**嘴唇彎度過大**
特徵 唇型較圓。
修飾 用唇線筆將嘴角兩
　　　邊多畫一些。

5、**上下唇皆厚**
特徵 唇型較豐厚，超出標
　　　準。
修飾 用蓋斑膏或遮瑕筆將唇型邊緣蓋
　　　小些，然後再用唇線筆描出唇
　　　型，畫上口紅即完成。

6、**嘴角下陷**
特徵 兩邊嘴角往下。
修飾 可用唇線筆將嘴角略略往上揚畫，讓人感覺到
　　　你好像時常微笑。

7、**上下唇不對稱**
特徵 左右或上下唇型不對稱。
修飾 此時可用唇線筆先將唇型描至對稱，再上口紅
　　　或唇蜜。

五、 口紅的產品：包含有唇線筆、唇膏（這兩樣的色
　　彩飽和度較高），唇油、唇彩（這兩樣的亮度較
　　高），所以可以互相搭配、使用，可展現出更誘
　　人的唇型。

春天妝

PART 1

春天給人的感覺是浪漫的、色彩繽紛的季節，好像每朵花都綻放的非常旺盛，也讓人有著蓬勃的朝氣，所謂一年之計在於春，可能就是這種意思。在色彩學上也都以粉色調、淺色調，來表現春天的訊息，例如，粉紅色、桃色、淺黃色、淺綠色、水藍色、淺紫色等。

▲ 先以咖啡色眼線筆畫些眼線，再用粉紅色眼影漸層畫上，下眼線也帶些粉紅色眼影。

◀先上些淡色口紅打底，在以唇蜜覆蓋中間部分，呈現出立體唇型。

◀眉型的部分，可用筆刷沾點咖啡色眼影粉，順著自己眉型畫上（但是有時候需要考慮頭髮的顏色）。

◀ 睫毛膏能更襯托出眼睛的明亮度，因此夾睫毛、刷睫毛是很重要的一環，可以用深色的睫毛膏打底，然後在尾端的地方上些不同的淺色。

▶ 以腮紅刷打轉畫在微笑時兩頰較凸的地方，在慢慢向上、下暈開。

炎熱、高溫、流汗，最需要的就是有杯冰涼的飲料，或是躲在冷氣房，不然就泡在游泳池也不錯，因此在色彩學上，明亮、鮮明的色調，都會讓人感到很舒服。例如，金絲雀色、嫩竹色、土耳其玉色、櫻桃粉紅色、玫瑰色都是不錯的選擇。

▲ 以腮紅刷順著臉型，由內而外、慢慢刷開。

▲ 以水狀或霜狀的眼影打底，再用眼影粉畫上，呈現出較為明亮的眼影。

◀先用粉紅色口紅畫出唇型，再用淺色唇蜜塗在中間的地方，使嘴唇更為明亮立體。

▶眉型的部分，選擇與髮色相近的色系，用眉刷沾眉粉描繪出來。

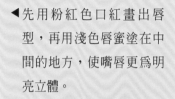

◀在下眼袋的地方，可刷上較為明亮的眼影（或是較淺的顏色），可順便遮蓋較深的黑眼圈。

PART 3

秋天妝

PART 3

▶用小圓頭刷沾些腮紅輕輕畫在兩頰作為裝飾。

蕭瑟的秋風，落葉的季節，可以看到樹木的變化最大的季節，夏季茂盛的樹林，在秋天也會面臨到乾枯，我喜歡秋天涼涼的寒意，給人有點頹廢不羈的感覺，但是中秋又是月圓人團圓的節日，所以給人沮喪中又帶點希望，在色彩學上，灰色調、沌色調都蠻配合這種時節，例如，檀香色、枯草色、千草灰、肉桂色、葉籽色、梅紫色等。

▲選擇搭配眼影適合自己的口紅，可以直接將唇型畫出。

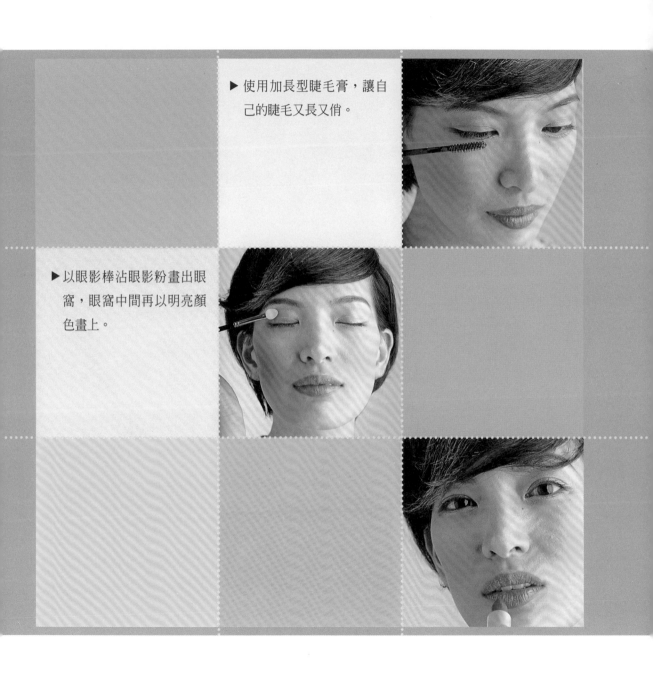

▶ 使用加長型睫毛膏，讓自
己的睫毛又長又俏。

▶ 以眼影棒沾眼影粉畫出眼
窩，眼窩中間再以明亮顏
色畫上。

冬天妝

寒冷、細雨、下雪，不同國度的人總是會在冬天圍爐取暖，在黑夜比白晝長的季節，似乎暗色調、深色調才能配合，不至於給人突兀的感覺，因此橄欖色、暗綠色、葡萄色、暗紫色、老鼠灰等，而且深灰色、黑色也是廣被喜歡。

►冬天經常會以眼影作為重點，因此，在口紅上就不需要太強烈，甚至以唇蜜畫上即可。

▲冬天眼影的色調可選擇較為暗沉的顏色，畫法可用倒勾或煙燻等來表現。

◄記得要畫上眼線，可用眼線液、眼影筆沾水，或是黑色眼影皆可，可讓眼睛更為深邃。

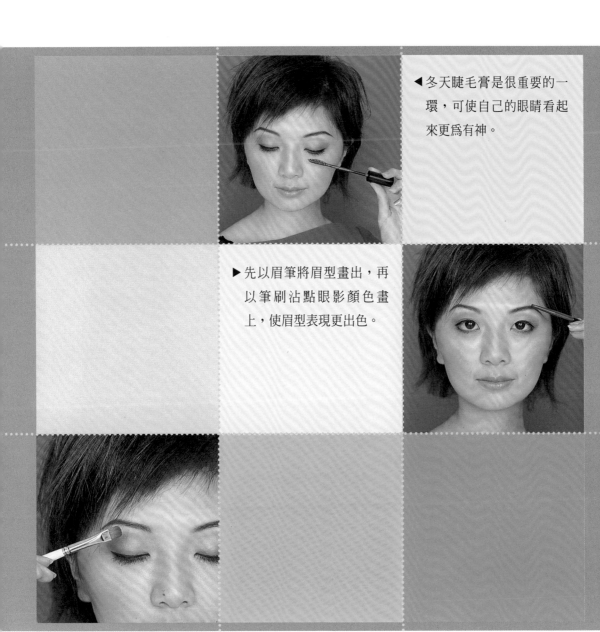

◀冬天睫毛膏是很重要的一
環，可使自己的眼睛看起
來更爲有神。

▶先以眉筆將眉型畫出，再
以筆刷沾點眼影顏色畫
上，使眉型表現更出色。

上班妝

PART 15

經過漫長的一夜，有時睡的不夠，起床後發現自己的氣色很差，或是生理期來，總是顯得精神不好，坐立難安，如果此時上點妝，看起來有精神又有自信，相信一切不好的都會淡化掉，而且一整天都會很美好，色彩就是如此神奇，不僅讓自己看起來有信心，也讓別人賞心悅目，帶動整個工作環境，何樂而不為，但因為是上班妝，在大白天之下，儘量以自然為主。

▲ 上班妝一切講究自然，只要將眉型修出來，輕輕用筆刷刷點眼影粉畫上即可。

◀ 口紅部分不須將其唇型特別描繪出來，只要順著自己的唇淡淡畫上就好了。

▶ 睫毛膏記得一定要刷，眼睛看起來才會更加明亮動人。

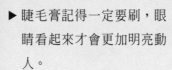

◀ 先以眼線筆畫些眼線，然後，再以咖啡色系輕輕刷上，使眼睛看起來非常自然。

◀ 腮紅部分只要淡淡用筆刷刷上即可，千萬不要在白天的時候畫的太濃。

宴會妝

PART 16

西方人非常注重聚會，尤其是晚餐，總希望把自己打扮的非常隆重，因此他們在赴晚宴時，總要好好的梳妝打扮一番，才會把白天和夜晚的妝有所區隔，晚宴妝在燭光晚餐，浪漫的氣氛下，所畫的顏色要相較為重些，這樣在昏暗的燈光下，臉部的線條及五官才會看得較為明顯，而且要注意一些飾品的搭配，這樣會讓你更出色。

◀宴會妝的眉型是舉足輕重的，一定要將它表現的很得體。

▶可使用圓頭刷沾些亮粉，刷在下眼袋的地方。

◀唇型部分盡量描繪的具體，並且在描繪嘴角時可上揚一些，而唇的中間可用打亮的方式。

◀ 眼影部分可使用眼影棒，因為眼影棒可讓顏色表現的較重、較明顯，很適合濃妝使用。

◀ 腮紅的顏色也可上的較重，使膚質在燈光下看起來更為紅潤、美麗。

PART妆

PART17

熱鬧、誇張、炫、多元素等,最能表現出party妝的精神,把宴會妝和party妝做個區分,很明顯的宴會妝較莊重而party妝感覺較自我,許多人在參加party時最希望能引人注目,因此水鑽、亮片、亮粉、羽毛、假睫毛等都是不錯的裝飾,更能襯托出party的歡愉氣氛。

◀可用鑷子夾一些水鑽,黏貼在你想要表現的地方,整個人就會像明星一般閃亮起來。

◀腮紅記得一定要畫,才會讓自己在PARTY中看起來更為年輕、亮麗。

▶ 眉型一樣先用眉筆畫出，可以在眉峰的地方挑高一些，表現出女孩子的特性及自我風格，在用眼影粉加深些。

▶ 眼線是很重要的，可用不同的顏色畫上，而且要往上拉上揚一些。

◀ 在PARTY時使用新潮的化妝品更是不可或缺。

火象星座

PART

PART **18**

牡羊座、獅子座、射手座

　　這一類型的人，多半充滿熱情、光芒四射，性格較為急躁激進，有時候非常沉不住氣，在團體中總是耀眼成為領導者，是個非常有個性的族群，因此在選擇顏色上面，可以用些較為沉穩、收斂的色彩來中和其個性。

▲ 在微笑的時候，選擇橘色或桃李色系的腮紅，畫在兩頰較凸出的部分，在慢慢刷暈開來。

顏色

眼影：金褐＋稍深的紅磚色
腮紅：橙紅色
唇：橙褐色＋金橙色唇蜜

▲ 選擇帶點灰色調或較不明亮（霧色）的口紅，表現出沉穩的感覺。

◀ 在上眼影的時候，可以利用張開、閉上兩種動作，調整眼影的深淺是否均等，及左右眼的大小在完妝後是否一樣。

▼ 在畫好眉型之後，有時眉的走向並不是很順，可用螺旋筆刷調整，或沾點透明膠固定。

▼ 完妝之後，可用遮瑕筆刷做最後修飾。如，眼角、唇型、黑眼圈及鼻翼等。

土象星座

PART 19

金牛座、處女座、山羊座

　　這一類型的人，做事情有條不紊，謹慎小心，深怕做不好，對感情很執著，決定的事情就勇往直前、踏實穩重，對藝術鑑賞有獨到的品味，且會以自己的標準衡量、要求他人，是個非常實際的族群，因此在選擇顏色上面，可以試著大膽一點。

▼可用眉筆先順著眉型畫，再用筆刷刷均勻。

顏色
眼影：淡水藍色＋深藍色
腮紅：薰衣草色
唇：深玫瑰色

◀淡淡的粉紅色加薰衣草色，使臉頰的氣色更美，看起來更有自信。

▶先夾睫毛、再用睫毛膏由
　裡至外刷、往上翹。

▶眼影以暈染的方式，由深
　至淺慢慢往上暈開。

◀口紅上完之後，再上點唇
　彩，使嘴唇更生動。

風象星座

PART 20

雙子座、天秤座、水瓶座

　　這一類型的人有獨特的特性——聰明而且猜不透他們的心思，尤其處理感情問題更是格外冷靜，社交方面通常是八面玲瓏，對於真的談的來的朋友，能夠天南地北滔滔不絕，否則都是應付過去就算了。風象星座的男女都非常有魅力，是個十分理性的族群，顏色方面可以選擇較為溫柔婉約。

顏色

眼影：粉紅色

腮紅：粉紅色

唇：鮮豔玫瑰粉紅，中
　　間輔上唇蜜

▲ 用大一點的腮紅刷，大面
積的刷腮紅，使臉頰看起
來非常紅潤，就像蘋果一
般。

▶ 以眼線筆在靠睫毛的地
方，畫點眼線使眼睛看起
來更有神。

▶一定要記得畫上一些唇
彩，才會使嘴唇看起來更
性感。

◀以手指沾透明眼膠加粉紅
色眼霜，可使眼皮看起來
水水亮亮的。

◀用筆刷沾更淺或更亮的眼
影粉，畫在下眼袋的地
方，就不至於顯示出黑眼
圈了。

水象星座

PART 2

巨蟹座、天蠍座、雙魚座

這一類型的人，心思細膩敏感，喜歡幻想作白日夢，經常是天馬行空，十分情緒化，而且喜歡待在自己的窩，編築美麗的未來，非常照顧、保護自己的家園，是個非常感性的族群，顏色上面可以選擇大地色系。

顏色

眼影：綠色＋淡黃褐色

腮紅：珊瑚紅

唇：紅褐色

◀ 眼影的地方，可以磚色畫出眼窩，在眼窩的中間打亮或畫淺色的眼影。

◄ 先用眉筆勾出眉型，再以
筆刷沾些眼影粉畫上去。

▶ 腮紅可以修飾臉型，也可
以讓你的肌膚看起來更漂
亮。

▶ 眼線畫的時候手要穩，由
眼中先畫至眼尾，再帶到
眼頭，就可畫出很好看的
眼線。

攝影妝

PART 22

對於消費者而言，現在是一個多媒體的世界，有非常多的鏡頭對準我們，如何在鏡頭前表現出色的自己，是非常重要的一門課題。對於專業人士而言，如何讓模特兒在鏡頭前顯的有特色，就要憑經驗，因為要考慮的範圍較廣，會因時、因地、因人的不同而有所不同。

▶ 一、因時

1.戶外（自然光線）

上午、中午、下午，不同時間光線所含的顏色也不盡相同，來的方向也不同，當然要考慮用色。

2.室內（人工光線）

日光燈（青光）及鎢絲燈（黃光）所呈現在物體上也是不同的顏色，所以在化妝的時候，最好兩種光皆有。

▶ 二、因地

1.小攝影棚

指平面攝影，是以相機或數位相機，把人物表現出來，它所動用的人力較少，可能只有一位攝影師及一位助理就夠了。

2.大攝影棚

指電視、CF（廣告）、MTV攝影、電影等，它所動用的人力較大，包括：製片、導播、場務、攝影師、燈光師等各司其職。但不管小攝影棚或大攝影棚，要注意光的強弱所呈現出的效果。

▶ 三、因人

考慮其髮色、膚色、眼珠顏色、服裝造型、整體感，或是先擬定一份企劃案，針對自己或模特兒的設計，如此一來更能事半功倍。

光和顏色最能決定攝影妝的成敗，所以妝畫的好壞、光打的對不對，出來的效果往往會有極大的差異，多一點經驗與細心，就會多一點成功。

感謝
　　此次書籍的完成有賴多家廠商的協助與配合，茲列於後。而知名的李樹德老師在台北已有一間工作室，有興趣的讀者朋友們可自行前往，感受老師的魅力與專業。

李樹德造型工作室
LEE'S HAIR & MAKE UP STUDIO

營業項目

一般消費者/剪、燙、染，新娘造型，平面、電視、CF梳化、藝人造型。

教學/個人彩妝教學，專業彩妝教學，專業髮型教學。

預約專線：（02）27731075、27780113
地址：北市忠孝東路四段2號4樓之4

聖羅蘭2003/2004秋冬新色彩──紅色情迷

這一季聖羅蘭以摩登的都會風格重新詮釋絕世優雅。
燦爛飽滿的唇色，讓妳的雙唇嬌豔欲滴；
閃耀絲緞光澤的眼妝，讓雙眸更晶澈動人。
由珠寶與貴重金屬的強烈奪目特質衍生出的創意靈感，
讓聖羅蘭今年秋冬妝彩散發著令人震懾的性感魅力。

YvesSaintLaurent

SELECT SPF 15
FOUNDATION
FOND DE TEINT FPS 15

30 ML / 1.0 US FL OZ e

打造時尚名模的無瑕、明亮膚質

■ **模仿肌膚神態的奇妙粉底液**

M.A.C所研發的球體「柔焦粉末」很容易推勻，從不同角度反射出來的光線形成擴散的效果，讓肌膚看起來無瑕自然。

■ **持妝、貼妝、層疊妝效的祕密**

「精采持色SPF15粉底液」含有特殊的包裹粉體，在粉妝與皮膚之間形成一個保護膜，服貼不脫妝，隨時保持明亮無瑕。

■ **想像一瓶以保養品為基底的粉底液**

採用維生素A、C、E、卵磷脂及潤澤調節因子，高效保溼，更為肌膚帶來滋潤且薄透的質感。

■ **亞洲肌膚不可或缺的SPF15/PA++**

SPF15的防護，為妳的肌膚把關，讓妳整個夏天都擁有健康好氣色。

M.A.C「精采持色SPF15粉底液」
全系列21色 30ml $1,000

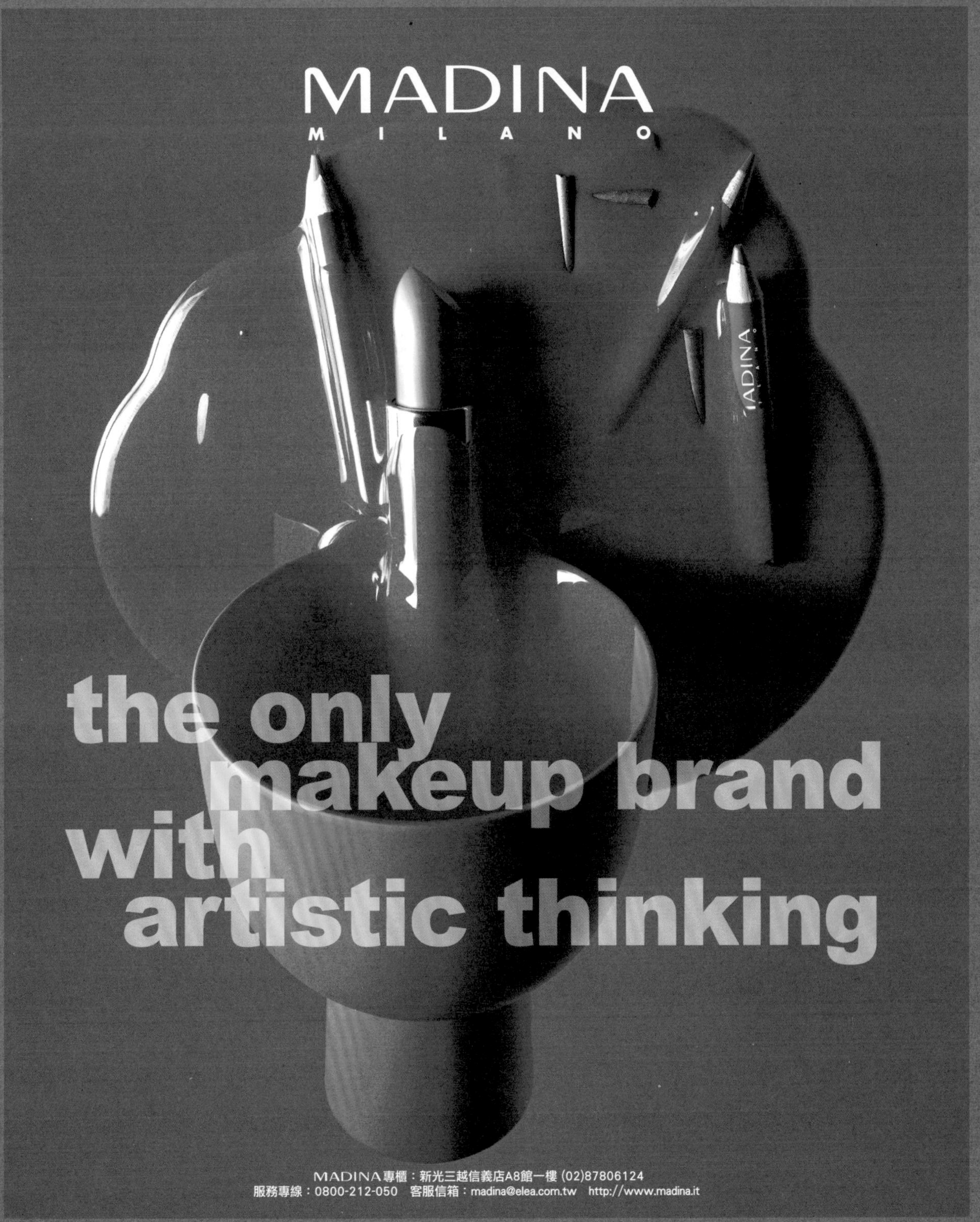

MADINA
MILANO
the only
makeup brand
with
artistic thinking
MADINA專櫃：新光三越信義店A8館一樓 (02)87806124
服務專線：0800-212-050　客服信箱：madina@elea.com.tw　http://www.madina.it

issima
HAPPYLOGY
讓快樂在臉上跳舞
GUERLAIN
全新法國嬌蘭
快樂酚多精
躍動每一個細胞
肌膚瞬間綻放
快樂光采
輕抹法國嬌蘭快樂酚多精
3秒鐘，飛躍充滿花果香的快樂森林
每一顆細胞當下快樂的跳起舞來
因為他奇妙的「快樂催化酚子」
(Pro-endorphins Complex)
立即使細胞釋放
「快樂酚多精」(Endorphins)
激起肌膚深處最活躍的動能
細紋、粗糙立即消失，肌膚變得平滑細緻
瞬間綻放快樂的光采
快樂酚多精系列：
快樂酚多精露 50ml・快樂酚多精華 30ml
GUERLAIN
法國嬌蘭香水化妝品股份有限公司 台北市106忠孝東路四段285號10F TEL : (02)2777-1243
法國嬌蘭護膚中心(中山店) 台北市中山北路二段32號1F(晶華酒店對面) /TEL:(02)2581-3337 (敦南店) 台北市敦化南路一段246號B1（太平洋SOGO百貨敦化新館）/TEL:(02)8771-3676
法國嬌蘭專櫃：台北太平洋SOGO忠孝本館・大葉高島屋・新光三越站前店/南西店/信義新天地A8館・明曜・中興・內湖德安・寶慶遠東・雙和太平洋・桃園新光三越・中壢太平洋SOGO・中壢遠東
新竹太平洋SOGO・台中中友・新光三越台中店・台中廣三SOGO・豐原太平洋・嘉義大遠百・台南新光三越西門店・台南大遠百・高雄太平洋SOGO・高雄漢神、高雄大遠百・屏東太平洋
北市衛妝廣字第91121551號

紀梵希 柔白防曬隔離乳 SPF 35 PA++
妳外出，防護同步

面對日曬，妳從不低頭。因為紀梵希實驗室，帶來全新的柔白防曬隔離乳SPF 35 PA++，它結合高效的UVA/UVB屏護成分，及維他命ABC雞尾酒配方，從內在到外在，賦予肌膚徹底的保護。看不見的隔離，給妳看得見的膚質光采！

● 柔白防曬隔離乳SPF35 PA++ 30ml / NT$1,200
＊測試證明：使用4週，肌膚變得晶亮光瑩

BLANC PARFAIT
24小時完整美白系統，給肌膚沒有死角的白皙

紀梵希 美白夜間修護霜
妳入眠，美白甦醒

沉睡中，妳的美白不打盹。來自紀梵希實驗室的美白夜間修護霜，擁有天然酵母精華，能豐富能量、活化細胞再生機制；並結合維他命ABC雞尾酒配方，在深夜達成極致的美白作用。每個早晨，妳的肌膚都比昨天更均白皙！

● 美白夜間修護霜 50ml / NT$2,100
＊測試證明：使用4週，肌膚變得更淨白剔透

GIVENCHY

Dior Addict

癮誘唇彩

#123   #313   #483   #151

水動唇光・癮誘體驗

柔滑性感誘人輕嚐、微顫的朱唇。水漾
質地讓雙唇宛如沉浸無垠汪洋。炫光
微粒科技帶來不能抗拒的閃耀激情。

106-□□
台北市新生南路3段88號5樓之6

揚智文化事業股份有限公司　　收

□□□-□□

地址：　　　市縣　　鄉鎮市區　　路街　段　巷　弄　號　樓
姓名：

Leaves
Publishing

 書號 L2001　　 書名 彩妝慾-李樹德的巧手巧妝

葉子出版股份有限公司

讀 · 者 · 回 · 函

感謝您購買本公司出版的書籍。
為了更接近讀者的想法，出版您想閱讀的書籍，在此需要勞駕您
詳細為我們填寫回函，您的一份心力，將使我們更加努力！！

1. 姓名：＿＿＿＿＿＿＿＿＿＿

2. E-mail：＿＿＿＿＿＿＿＿＿

3. 性別：□ 男 □ 女

4. 生日：西元＿＿＿＿年＿＿＿＿月＿＿＿＿日

5. 教育程度：□ 高中及以下 □ 專科及大學 □ 研究所及以上

6. 職業別：□ 學生 □ 服務業 □ 軍警公教 □ 資訊及傳播業 □ 金融業
　　　　　□ 製造業 □ 家庭主婦 □ 其他＿＿＿＿＿

7. 購書方式：□ 書店 □ 量販店 □ 網路 □ 郵購 □書展 □ 其他＿＿＿＿＿

8. 購買原因：□ 對書籍感興趣 □ 生活或工作需要 □ 其他＿＿＿＿＿

9. 如何得知此出版訊息：□ 媒體＿＿＿＿＿ □ 書訊 □ 逛書店 □ 其他＿＿＿＿＿

10. 書籍編排：□ 專業水準 □ 賞心悅目 □ 設計普通 □ 有待加強

11. 書籍封面：□ 非常出色 □ 平凡普通 □ 毫不起眼

12. 您的意見：＿＿＿＿＿＿＿＿＿＿＿＿＿＿＿＿＿＿＿＿＿＿＿＿＿＿＿＿＿
　　　　　　＿＿＿＿＿＿＿＿＿＿＿＿＿＿＿＿＿＿＿＿＿＿＿＿＿＿＿＿＿

13. 您希望本公司出版何種書籍：＿＿＿＿＿＿＿＿＿＿＿＿＿＿＿＿＿＿＿＿＿

☆填寫完畢後，可直接寄回（免貼郵票）。

　9月30日前寄回本公司回函，即可有機會抽得由Madina獨家
贊助的彩妝。中獎名單將公佈於http://www.ycvc.com.tw
再次感謝您！！

Leaves
Publishing

根
以讀者爲其根本

莖
用生活來做支撐

葉
引發思考或功用

果
獲取效益或趣味